動物のクイズ図鑑　もくじ

アフリカの動物
クイズ 1 ● 陸上でいちばん速く走るのは？ 6
クイズ 2 ● ライオンの子どもはどんなすがた？ 10
クイズ 3 ● ライオンはどんなふうに行動する？ 11
クイズ 4 ● これはだれの1日の食事かな？ 14
クイズ 5 ● シマウマのおなかはどんなもよう？ 18
クイズ 6 ● だれのうんちかな？ 22
クイズ 7 ● オカピは何のなかま？ 23
クイズ 8 ● マンドリルの顔のこの部分は何色？ 26
クイズ 9 ● ミーアキャットのおもしろい行動とは？ 27
クイズ 10 ● カバの1日のすごしかたは？ 30
クイズ 11 ● サイの角の正体は？ 31
クイズ 12 ● ゾウの鼻のひみつは？ 34
クイズ 13 ● 野生のゾウはどうやってねむる？ 34
クイズ 14 ● キリンにあてはまらないのは？ 35
クイズ 15 ● カバが陸で草を食べに行くとき、帰りのめじるしにどうする？ ... 35
クイズ 16 ● 草を求めて移動するヌー。1年でどれくらいのきょりを動く？ ... 35

アジア・日本の動物
クイズ 17 ● ネコ科の中でいちばん大きい動物は？ 38
クイズ 18 ● トラがすんでいないのはどこ？ 42
クイズ 19 ● トラの耳の後ろはどうなっている？ 43
クイズ 20 ● ジャイアントパンダの体のもよう、どれが正しい？ ... 46
クイズ 21 ● サルのなかまでいちばん北にすむのは？ 50
クイズ 22 ● テンは冬になるとどう変身する？ 54
クイズ 23 ● ニホンイノシシの子どもは何という？ 55
クイズ 24 ● コウモリのつばさはどうなっている？ 58
クイズ 25 ● 地下でくらすモグラのすみかはどれ？ 62

2

クイズ26 ● チンパンジーはどれ？ …………………………………………………… 66

クイズ27 ● ムササビはどれ？ ………………………………………………………… 67

クイズ28 ● トラ、クロサイ、ジャイアントパンダ、この3つの動物に共通するのは？ … 70

クイズ29 ● ヒョウはえものを横どりされないようにどうする？ ………… 71

クイズ30 ● 雲形もようがあるヒョウ、名前は？ ………………………… 71

クイズ31 ● フクロテナガザルのふくろって？ …………………………… 74

クイズ32 ● 世界最小、トウキョウトガリネズミの大きさは？ ………… 74

クイズ33 ● 超音波を出すコウモリは何をしている？ ………………… 75

クイズ34 ● ジャイアントパンダの赤ちゃん、何年でおとなになる？ … 75

クイズ35 ● ニホンリスはどこに巣をつくる？ …………………………… 78

クイズ36 ● キタナキウサギのなき声は？ ………………………………… 78

クイズ37 ● 寒いところにくらすキツネほど小さいのはどこ？ ………… 79

クイズ38 ● この中で絶滅が心配されているヤマネコは？ ……………… 79

アメリカなどの動物

クイズ39 ● ウサギはどうやって走る？ …………………………………… 82

クイズ40 ● ラッコはどうやってねむる？ ………………………………… 86

クイズ41 ● アライグマはこれをどうする？ ……………………………… 87

クイズ42 ● このダムはだれが作ったものかな？ ………………………… 90

クイズ43 ● ネズミのなかまで最大の動物は？ …………………………… 91

クイズ44 ● アリクイはどうやってアリを食べる？ ……………………… 94

クイズ45 ● ナマケモノがふんをするのに木からおりる回数は？ ……… 94

クイズ46 ● 「アルマジロ」はどんな意味？ ……………………………… 95

クイズ47 ● ウサギの足のうらはどうなっている？ ……………………… 95

クイズ48 ● ウサギの耳のことでまちがっているのは？ ………………… 95

オーストラリアなどの動物

クイズ49 ● カンガルーはどれくらい高くジャンプした記録がある？ … 98

クイズ50 ● コアラが食べる葉は？ ……………………………………… 102

クイズ51 ● ほ乳類なのにたまごをうむ動物は？ ……………………… 106

クイズ52 ● フクロモモンガの赤ちゃん、ふくろから出たあとどうする？ …107

クイズ53 ● 生まれたばかりのカンガルーの赤ちゃん、大きさはどれくらい？ ……110

クイズ54 ● コアラは1日のどれくらいねむる？ ……………………… 111

3

クイズ 55 ● オーストラリアのタスマニア島にしかいない名前に「悪魔」とつく動物は? ⋯111

いろいろな地域の動物

クイズ 56 ● この中でほ乳類じゃないのは? ⋯114

クイズ 57 ● 地球史上最大の動物といわれるクジラは? ⋯118

クイズ 58 ● イルカがえものをさがすときに音を出すところの名前は? ⋯122

クイズ 59 ● 地上で最大の肉食動物は? ⋯126

クイズ 60 ● この中でアシカはどれ? ⋯130

クイズ 61 ● タテゴトアザラシの赤ちゃんの体の色は? ⋯134

クイズ 62 ● ホッキョクグマの毛の色は何色? ⋯134

クイズ 63 ● いちばん速く泳げるのは? ⋯135

クイズ 64 ● クジラのなかまは、どんなふうにグループ分けされる? ⋯135

クイズ 65 ● 1頭のウシから1年間にどれくらいのミルクがとれる? ⋯138

クイズ 66 ● ウシの胃はどうなっている? ⋯139

クイズ 67 ● 競走のためにつくり出されたウマ「サラブレッド」の意味は? ⋯142

クイズ 68 ● ウマの足のひづめはどれ? ⋯143

クイズ 69 ● この中で夜活動する動物は? ⋯146

クイズ 70 ● 夜行性の動物には赤い光はどのように見える? ⋯147

クイズ 71 ● ネコがせまいところを通るのに役立っているのは? ⋯150

クイズ 72 ● 日本のけいさつ犬として活やくするドイツ生まれのイヌはどれ? ⋯154

クイズ 73 ● カイイヌは世界で何種類くらいいる? ⋯158

クイズ 74 ● むかしから人気のある世界でいちばん小さな犬種は? ⋯158

クイズ 75 ● ゴールデン、ジャンガリアン、ヨーロッパなどの種類がある動物は? ⋯159

クイズ 76 ● 動物の足あとだよ。イノシシはどれ? ⋯162

クイズ 77 ● このアラゲジリス、何をしているところかな? ⋯166

クイズ 78 ● 前歯が上下2本ずつしかなく、死ぬまで歯がのび続けるのは? ⋯166

クイズ 79 ● 草食動物の顔の特ちょうでまちがっているのは? ⋯167

クイズ 80 ● ヒトコブラクダのこぶの説明でまちがっているのは? ⋯167

クイズ 81 ● ネズミのせいで、えとに入れなかったといわれる動物は? ⋯170

クイズ 82 ● 寝たふりをすることを何という? ⋯170

クイズ 83 ● 慣用句で犬と仲が悪いといわれているのは? ⋯171

クイズ 84 ● 英語では「バー」、フランス語では「ベー」、中国語では「ミエェミエェ」と鳴くのは? ⋯171

4

は虫類・両生類

クイズ85 ● ヘビ・トカゲなどのは虫類は、どんなたまごをうむ？ ………174
クイズ86 ● ウミガメはどこでたまごをうむ？ ………178
クイズ87 ● これらのたまごはだれのかな？ ………182
クイズ88 ● この名前は？ ………183
クイズ89 ● この中でアマガエルにあてはまらないのは？ ………186
クイズ90 ● これらのカエルはどんなカエル？ ………186
クイズ91 ● 家のまどやかべにくっつくヤモリ。足はどうなっている？ ………186
クイズ92 ● トカゲは敵におそわれると、尾（しっぽ）をどうする？ ………187
クイズ93 ● この中で恐竜に進化したなかまは？ ………187
クイズ94 ● ワニの胃の中には何が入っている？ ………190
クイズ95 ● この中で海にすむカメの足はどれ？ ………190
クイズ96 ● ガラパゴスゾウガメがもつ長生き記録は？ ………191
クイズ97 ● カメレオンはどうやってえものをとる？ ………191
クイズ98 ● ガラパゴス諸島にすむウミイグアナは何を食べる？ ………194
クイズ99 ● ガラガラヘビはどんなへび？ ………194
クイズ100 ● 日本の特別天然記念物に指定されているこの動物は？ ………195

この図鑑では動物の大きさなどを
このように表しています。　　　**大きさ**

単位

■**長さ**
mmは、ミリメートルです。
cmは、センチメートルです。（1cmは、10mmです。）
mは、メートルです。（1mは、100cmです。）
kmは、キロメートルです。（1kmは、1000mです。）

■**重さ**
gは、グラムです。
kgは、キログラムです。（1kgは、1000gです。）
tは、トンです。（1tは、1000kgです。）
■**速さ**…時速は、1時間に進むきょりです。

5

クイズ 1 陸上でいちばん速く走るのは？

自動車を追いこすくらいのスピードで走れる、いちばん足の速い動物はどれでしょう？

1 ヒョウ

みんな速そうだけど・・・。

クイズ1の答え ②
チーターがいちばん速く走る

チーターは陸上でいちばん速く走れる動物で時速112kmという記録があります。全身をばねのように使ったスタートダッシュで、走り出した2秒後には時速72kmに達するといわれています。

チーターの速さのひみつ

ほっそりとした体、長い足、強いきん肉、しなやかな背ぼねのおかげで速く走れます。ただし、全身を使って走るのでつかれやすく、500m以上は速く走れないのが弱点です。

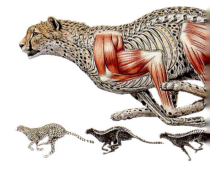

トムソンガゼルを追うチーター。チーターは自分より体の小さいえものを速い足で追いかけます。

急カーブするときに体のバランスをとるための長い尾。

チーター
- 体長：112～150cm
 /尾長：67～94cm
- 体重：21～72kg
- 分布：アフリカ～アジア南西部（イラン北部）

クイズ 2 ライオンの子どもはどんなすがた?

おすはりっぱなたてがみがあり、めすはたてがみがありません。さて赤ちゃんは?

1. 短いたてがみがある
2. 体にはんてんもようがある
3. しっぽがしまもよう

クイズ 3

動物のクイズ図鑑 アフリカの動物

ライオンはどんなふうに行動する?

狩りをしてくらすライオンは、どんなふうにくらしているのでしょう?

1 夜行性で1頭で行動する
2 おす、めす、子どもで群れをつくる
3 よく木の上ですごす

クイズ2の答え ②

ライオンの子どもには
はんてんもようがある

下の写真でねむっているのが赤ちゃんです。

生まれて2か月半くらいは母親の乳で育ちます。

ライオン
- 体長：140〜250cm
- 尾長：70〜105cm
- 体重：120〜250kg
- 分布：アフリカ(赤道ぞいの熱帯雨林をのぞくサハラより南)、インド北西部

母親とえものを食べるようす 乳ばなれをしたあと食べ方や狩りを学習します。

クイズ3の答え ② ライオンは群れをつくってくらす

おす1～3頭と15頭くらいのめすと、その子どもからなる群れをつくります。めすが中心となって協力して狩りをします。

多くのライオンがアフリカにくらしますが、インドのギル森林というところにだけインドライオンがすんでいます。

たてがみが長いわね。

ライオンがすんでいる地域

インドライオン

ライオン

クイズ 4 これはだれの1日の食事かな？

たくさんの草やくだもの、野菜があります。この中のだれの1日の食事でしょう？ これは動物園で出されているメニューです。

チモシーのほし草 62kg

ニンジン　3.5kg
サツマイモ　1kg
バナナ　など

1 ゾウ

2 トラ

動物のクイズ図鑑　アフリカの動物

カシやシイなどの木の葉
40kg

ヘイキューブ　17kg
（かんそうさせた植物をかためたもの）

草食動物用ペレット　11kg
（ビタミン、ミネラルなどがふくまれている）

【広島市安佐動物公園の場合】

3 キリン

ものすごい量だね！

15

クイズ4の答え 1

ゾウ

　動物園のアフリカゾウ（おす）が1日に食べる食事です。1日に4回に分けて100kg以上もの草や野菜などを食べます。長い鼻の先でじょうずに食べものをつかみ口に運びます。

野生のアフリカゾウは草や木の皮や葉を食べます。

そのほかの動物の食事

キリンの食事　動物園では、ペレット、木の葉、うすく切ったリンゴなどを1日に約20kg食べ、野生ではアカシアの葉などを食べます。

トラの食事　動物園では、馬肉やとり肉を1日に約5.5kgも食べ、野生ではシカなどをとらえて食べます。

クイズ5 シマウマのおなかは

シマウマのしまもよう、おなかの部分は

1. おなかは黒い
2. おなかはしまもよう
3. おなかは白いものやしまもようのものがいる

どんなもよう?
どうなっているのでしょう？

シマウマはいろいろな種類がいるんだって。

クイズ5の答え 3

シマウマのおなかは、白いものやしまもようのものがいる

シマウマは白地に黒いしまもようが特ちょうですが、種類によってしまもようはちがいます。グレビーシマウマはおなかが白いですが、チャップマンシマウマはおなかもしまもようです。

おなかが白い

グレビーシマウマ
- 体長：250〜300cm
- 体高：145〜160cm
- 体重：352〜450kg
- 分布：アフリカ東部

グレビーシマウマ　野生の馬では最大。しまもようが細かいのが特ちょうです。

20

おなかがしまもよう

チャップマンシマウマ
　おなか、しり、顔の先までしまがあります。

クイズ 6 だれのうんちかな？

丸くてころころしたうんちです。
だれのでしょう？

シカのうんちに
にているね。

1 カバ

2 キリン

3 トラ

クイズ 7 オカピは何のなかま？

動物のクイズ図鑑 アフリカの動物

むかしはなぞの動物といわれていたオカピ。何のなかまでしょう？

1. キリンのなかま
2. シマウマのなかま
3. ウマのなかま

クイズ6の答え

キリン

草食動物のキリンのうんちです。サバンナにおす1頭と2〜3頭のめす、子どもと群れをつくってすんでいます。クロサイやゾウなどと同じアカシアの木の上の部分を食べます。

キリンのうんちは草がよく消化されています。

キリン
■体高：250〜370㎝／頭までの高さ：430〜590㎝
■体重：550〜1930kg
■分布：アフリカ（赤道ぞいの熱帯雨林をのぞくサハラより南）

クイズ7の答え 1

キリンのなかま

オカピはキリンのなかまです。1901年に発見された当時は、あしにしまもようがあるためシマウマのなかまと考える学者もいました。

オカピ

キリン

森林にくらすオカピ。キリンのように長い舌で巻きとるようにして木の葉や実、小枝などを食べます。

口のあたりはキリンによくにてるね。

オカピ
- 体長：197〜215cm／体高：150〜180cm
- 体重：210〜300kg
- 分布：アフリカ（中央アフリカ）

クイズ 8 マンドリルの顔のこの部分は何色？

マンドリルの顔はとても目立つ色をしています。さてここは何色？

1. 青　2. 黄色　3. 赤

動物のクイズ図鑑　アフリカの動物

ミーアキャットの おもしろい行動とは？

アフリカにすむミーアキャットはとてもおもしろいことをします。何をするでしょう？

1 丸くなって坂をころがる
2 立って日光浴をする
3 歌をうたう

ミーアキャット
■体長：25〜31㎝
／尾長：17.5〜25㎝
■体重：620〜970g
■分布：アフリカ南部

クイズ8の答え 3

赤

マンドリルの派手な顔はおとなのしるしで、色あざやかなほうが元気で強いのです。このようにサルのなかまには、人間や鳥のように色を見分けられるものもいます。

▼派手な顔とおなかやおしりの白い毛がめじるしです。

マンドリル
- 体長:50〜95cm／尾長:7〜12cm
- 体重:20〜28kg
- 分布:アフリカ(カメルーン東部、ガボン、赤道ギニア、コンゴ)

クイズ9の答え ② 立って日光浴をする

　アフリカのサバンナや岩や石の多い地域でくらすミーアキャットは、多くが集団で生活しています。おもに昼間に行動し、気温の低い朝はこのようにまっすぐ立ち上がって強い光をあびます。

クイズ10 カバの1日のすごしかたは？

水の中ですがたをよく見るカバですが、1日をどのようにすごしているのでしょう？

1 1日中、川や湖ですごす
2 昼は水の中、夜は陸ですごす
3 昼は陸、夜は水の中ですごす

クイズ 11 サイの角の正体は？

動物のクイズ図鑑 アフリカの動物

サイといえばりっぱな角がめじるしの動物ですね。その角のひみつは？

1. 鼻の骨がのびたもの
2. 毛が集まってかたまったもの
3. きばが変化したもの

クロサイの親子

角は一生のびるんだって！

クイズ10の答え 2
昼は水の中、夜は陸ですごす

カバはアフリカの川や湖に群れでくらしています。昼は水の中で休み、夜、陸にあがって草を食べます。皮ふがかわきやすいために日ざしの強い昼間は水の中にいるのです。赤ちゃんの多くは水中で乳を飲みます。

カバ
- 体長：280～420㎝／体高：130～163㎝
- 体重：1350～3200kg　■分布：アフリカ

クイズ 11 の答え ②

サイの角は、毛が集まってかたまった

サイの角は、毛がたばになってかたまったもので、鼻づらに生えています。中に骨はありません。おすもめすも角をもっていて、ふつうてきを追い払うために使われます。

サイのそ先は、自分の体や子どもを守るためにてきをかんだり鼻づらでついたりしていたのでしょう。そこに角のようなかたい皮ふと毛の出っぱりをもったものが進化してきたのだと思われます。

最大のサイ。おす、めすのペアか家族でくらし、シャベルのような口で地面の草を食べます。

シロサイ
- 体長:335〜420cm／体高:150〜185cm
- 体重:1400〜3600kg
- 分布:アフリカ(中央〜南アフリカ)

サバンナに1頭か家族でくらし、とがった口先で木の葉や小枝を食べます。

クロサイ
- 体長:295〜375cm／体高:140〜180cm
- 体重:800〜1400kg
- 分布:アフリカ(サハラより南)

クイズ12 ゾウの鼻のひみつは？

1. 鼻の先まで骨がのびている
2. 鼻には2本のあなが通っている
3. 鼻で口のように食べられる

クイズ13 野生のゾウはどうやってねむる？

1. だいたい立ったままねむる
2. だいたい岩のかげなどにかくれてねむる
3. だいたい池につかってねむる

クイズ14 動物のクイズ図鑑 アフリカの動物

キリンにあてはまらないのは？

1. まつげが短い
2. 舌が長い
3. 前足を広げて首をのばして水を飲む

クイズ15

カバが陸で草を食べに行くとき、帰りのめじるしにどうする？

1. 足あとをしっかりつけておく
2. ふんをしながら歩く
3. 近くの木に自分の体のにおいをつける

クイズ16

草を求めて移動するヌー。1年でどれくらいのきょりを動く？

1. 1600km（日本列島の半分くらい）
2. 42km（マラソンコースくらい）
3. 50m（大きなプールくらい）

クイズ 12 の答え 2

ゾウの鼻は2本のあなが通っている

長いゾウの鼻は、鼻と上くちびるが合わさってのびたものです。中には骨がなく2本の鼻のあなが通っています。

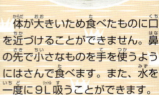

体が大きいため食べたものに口を近づけることができません。鼻の先で小さなものを手を使うようにはさんで食べます。また、水を一度に9L吸うことができます。

クイズ 13 の答え 1

だいたい立ったままねむる

ゾウは野生では立ってねむることがほとんどです。1日に昼と夜の2回、合計4～5時間ねむります。

▶立ったままねむる
アフリカゾウ

クイズ 14 の答え 1

短いまつげはまちがい

長いまつげと長い舌を持っています。
▶水を飲むときは前足を広げて首をのばします。

クイズ 15 の答え 2

ふんをしながら歩く

夜、カバは陸に上がり草を食べに行きます。そのとき、川や湖から出るとふんをまきちらしながら草地まで歩いて行き、それを帰り道のめじるしにします。

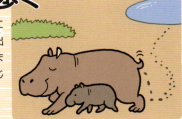

クイズ 16 の答え 1

1600km（日本列島の半分くらい）

ヌーのすむ東アフリカのサバンナでは、雨季と乾季があり、乾季の終わりごろにはすべての草がかれてしまいます。水気のあるひくい土地へとどんどん移動しながら草を求めていくため、年に1600km以上も移動し続けることになります。

クイズ17 ネコ科の中でいちばん大きい動物は？

トラ、ジャガー、ライオンはみんなネコ科の動物です。体がいちばん大きいのはどれでしょう？

1 トラ

どれも肉食で強そうだね。

動物のクイズ図鑑　アジア・日本の動物

2 ジャガー

3 ライオン

39

クイズ17の答え ①

トラは、ネコ科の動物の中でいちばん大きい

　ネコ科の動物は、大部分が肉食性で頭がよく、運動能力もすぐれています。きばのある大きな口で強くかむことができ、前後の足にはかぎづめをもち、えものをとらえるのにてきした体つきをしています。

トラは、夜行性で1頭で行動し、イノシシやシカ、魚、昆虫などさまざまな動物を食べます。

▲ベンガルトラは大型でオレンジをおびた茶色。

動物のクイズ図鑑 アジア・日本の動物

トラはすんでいる地域によって体の色やしまの数などがちがいます。そのちがいがある地域の特ちょうになっているものを「亜種」といいます。

◀草むらにひそむベンガルトラ。

▼ベンガルトラ。暑いときは水の中にいることもあります。

▼トラの中で最大のシベリアトラは、色があわくあざやかです。寒いところにすんでいます。

トラ
- ■体長：140〜280cm
- ／尾長：60〜110cm
- ■体重：65〜306kg
- ■分布：アジア中部〜南部

41

クイズ 18 トラがすんでいないのはどこ？

このなかで、トラがすんでいない地域（ちいき）がひとつあります。どこでしょう？

1 インド
2 中国（ちゅうごく）
3 アフリカ

動物のクイズ図鑑 アジア・日本の動物

クイズ19

トラの耳の後ろはどうなっている？

トラの耳の後ろにはちょっとしたひみつがあります。

1. **しまもようになっている**
2. **白いもようがある**
3. **毛のないところがある**

クイズ18の答え ③
アフリカにはトラはいない

トラがすむのはアジアで、おもにインドや中国などにいます。ただし、日本にはトラはすんでいません。

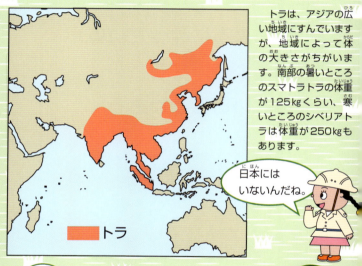

トラは、アジアの広い地域にすんでいますが、地域によって体の大きさがちがいます。南部の暑いところのスマトラトラの体重が125kgくらい、寒いところのシベリアトラは体重が250kgもあります。

日本にはいないんだね。

トラとライオンが出合うことって!?

肉食動物のトラとライオンはどちらが強いのでしょう!? ライオンはほとんどがアフリカにいますが、ほんの少しだけインドにもいます。インドにすむトラと、ライオンが出合うことがあるかというと、トラはやぶの多いところ、ライオンは木がまばらなところにすむので出合うことはありません。

クイズ 19 の答え ❷
トラの耳の後ろには白いもようがある

耳の後ろに白いはん点があります。なかまどうしの目じるしと考えられています。

尾 尾の先まで、しまもようがあります。

トラのからだをチェック

目 丸いひとみをしています。

歯 肉を切りさく、するどい歯です。

足 するどいつめは、ふだんはしまわれており、えものをつかまえるときに出ます。えものをとらえる前足は、後ろ足よりも大きくなっています。

45

クイズ20 ジャイアントパンダの体のもよう、どれが正しい？

ジャイアントパンダは黒と白の2色の毛が特ちょうです。どんな色分けか分かりますか？

1

ジャイアントパンダの毛は、耳と目のまわり、肩、両あしが黒い

　白と黒の毛がめじるしのジャイアントパンダは、クマのようですがクマではありません。赤ちゃんは生まれてすぐは毛がなく、2週間くらいで白黒が見えてきます。中国にしかすんでおらず、世界に1600頭くらいしかいないといわれる希少な動物です。

動物のクイズ図鑑　アジア・日本の動物

パンダの食べもの　ジャイアントパンダは、中国の森林、とくに竹林にすんでいて、細いタケやたけのこが大好物です。小動物を食べることもあります。

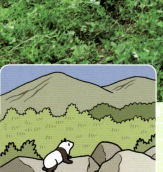

中国にしかいない
　野生のパンダは高い山の竹林に単独で生活しています。

ジャイアントパンダ
- ■体長120〜150cm／尾長：10〜13cm
- ■体重：75〜160kg
- ■分布：中国

クイズ21 サルのなかまでいちばん北にすむのは？

サルのなかまは、熱帯から温帯にすんでいて約200種もいます。この3つの中で世界でいちばん北にすんでいるのはどれでしょう？

1 ニホンザル 毛づくろいをするニホンザル

2 リスザル

リスと同じくらいの
大きさのリスザル

いろんなサルがいるね！

3 ワオキツネザル

尾に輪のもようがある
ワオキツネザル

クイズ21の答え 1

いちばん北にすむサルは ニホンザル

世界で最も北にすむサルで、日本の下北半島のサルが「北限のサル」として知られています。リスザルは南アメリカ北部、ワオキツネザルはアフリカにすむサルです。

ニホンザル
- ■体長:47〜61㎝／尾長:7〜12㎝
- ■体重:8〜15kg
- ■分布:本州、四国、九州、屋久島

※ホンドザルとヤクシマザルの2つの亜種に分かれます。

人間のような行動も多いニホンザル。長野県などでは温泉に入るサルが有名です。

動物のクイズ図鑑　アジア・日本の動物

ニホンザルのくらし

　ニホンザルの群れは、リーダーの下に何頭ものおすやめす、そして子どもたちがいて、全部で20〜30頭になります。夜は木の上でねむり、朝から食べものをさがして移動します。日中は毛づくろいや昼寝をしています。

▲秋、実ったカキを食べるニホンザル。

▶子ザルは取っ組み合いをして遊びます。遊びを通して力をつけ、群れのルールを学んでいきます。

■ ホンドザル
■ ヤクシマザル

ニホンザルの分布

53

クイズ22
テンは冬になると どう変身する?

テンは、イタチににたイタチより大型の動物です。季節によって体に変化がおきます。どうなるでしょう?

夏 全体は茶色く、顔の先だけ黒っぽい夏毛です。

1. 体の毛がぬける
2. 体全体が黒くなる
3. 顔の黒い部分が白っぽくなる

クイズ23 ニホンイノシシの子どもは何という？

ニホンイノシシの子どもは、その見た目からある名前で呼ばれています。どれでしょう？

子ども

1. ウリボウ
2. イノッコ
3. マメンボ

冬になるとテンの顔は白っぽくなる

日本にすむ動物です。夏は黒っぽかった顔の毛の色が、冬になると耳のあたりまで白っぽく変化します。

テン（ホンドテン）
- 体長：41〜49㎝
- 尾長：17〜24㎝
- 体重：900〜1600g
- 分布：本州、四国、九州

毛の色が季節で変わる 冬に寒くなる地方にすんでいるほ乳類の毛は、ふつう夏はこく美しく、冬はうすく地味な色になって目立たなくなります。

ニホンイノシシの子どもはウリボウ

　イノシシの子どもは見た目が「ウリ」ににていることからウリボウとよばれます。たてじまがありますが、しまは3か月くらいで消えます。

ニホンイノシシ
- 体長：120〜150㎝／体高：60〜75㎝
- 体重：100kg
- 分布：本州、四国、九州

森林にすみ、早朝や夕方に活動します。木の実や根、草、カエルなどの小動物を食べます。

クイズ24 コウモリのつばさはどうなっている？

コウモリは空を飛べますが鳥ではありません。つばさにはどんなひみつがあるでしょう？

鳥とちがうところはどこだろう？

インドオオコウモリ
■体長：23㎝／尾長：0㎝ ■体重：900〜1600g ■分布：東南アジア（インド、スリランカなど）

動物のクイズ図鑑　アジア・日本の動物

1 黒く短い毛が生えている
2 ひふがのびてうすくなっている
3 たくさんのはねが重なっている

クイズ24の答え 2

コウモリのつばさは
うすいひふ

コウモリのつばさは、鳥のはねとはちがいます。うでのほねと、手の指のほねがとても長く、その間にうすいひふがはられ、つばさとなっています。

コウモリの骨格

コウモリのつばさは、手のひらが大きくなったようなもので、左右にある細長いほねは、指のほねです。

動物のクイズ図鑑 アジア・日本の動物

鳥のように飛ぶことのできるゆいいつのほ乳類

▶木の枝にとまっているアブラコウモリ。数頭から多いもので100頭くらいの集団をつくり、日中は家の屋根うらなどで休んでいます。

▶足のつめをひっかけてぶらさがっているので、つかれない。

つめの力が強いのね！

アブラコウモリ
- 体長：4.1〜6.0cm
- 尾長：2.9〜4.5cm
- 体重：5〜10g
- 分布：アジア（シベリア東部〜ベトナム）、北海道をのぞく日本全土

オガサワラオオコウモリ
- 体長：19.3〜25cm
- 尾長：0cm
- 体重：390〜440g
- 分布：小笠原諸島

61

クイズ 25 地下でくらすモグラのすみかはどれ？

アズマモグラ
- 体長：12.6〜14.3cm／尾長：1.5〜2.2cm
- 体重：57〜83g
- 分布：本州、四国、九州

1 トンネルの先に1mくらいの大きなあながある

地下のかくれがだね！

動物のクイズ図鑑　アジア・日本の動物

　モグラは、脳が小さく、体のつくりが原始的なほ乳類です。長い口先は昆虫の幼虫やミミズを食べるのにてきしていて、地下にすんでいます。

2 地下を輪になるようにトンネルがある

3 たくさんの部屋がトンネルでつながっている

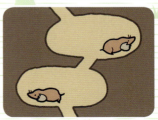

63

クイズ 25 の答え 3

地下のトンネルでつながる たくさんの部屋がある

モグラの地下トンネルはあみ目のように広がり、その中に寝室、トイレ、食物の貯ぞう庫、水のみ場などの部屋があります。

直径4.5cmほどのトンネルをほりすすみます。

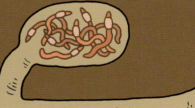

◀モグラの手の5本の指にはかぎづめがあり、じょうずにトンネルをほります。

ネズミのなかまも巣をつくります

　ネズミのなかまは、木のあなや草の下、地下などさまざまな場所に巣をつくります。巣は、子どもをうみ育てるために使われたり、安心してねむったり、多くの仲間との共同生活の場所としても使われます。

> **オグロプレーリードッグ**
> ■体長：28～35cm
> ／尾長：8.2～11cm
> ■体重：900～1400g
> ■分布：北アメリカ

　プレーリードッグは地下にトンネルでつながったたくさんの小部屋のある巣をつくります。巣の中には新鮮な空気が通りぬけるようになっています。

65

クイズ 26 チンパンジーはどれ？

ここにいるのはサルのなかま。チンパンジーはどれだか分かりますか？

1 石で木の実をわっているよ

2 胸をたたいているよ

3 子どもたちが木にぶらさがっているよ

クイズ27 ムササビはどれ？

動物のクイズ図鑑 アジア・日本の動物

日本にいる動物たちです。この中で、夜行性で高いところからジャンプできるムササビはどれでしょう？

1

日中は木のあなで休んでいるよ

2

北海道以外にいるよ

3

平地から標高2100mの林までにいるよ

クイズ26の答え ①

チンパンジーは1

チンパンジーは類人猿と呼ばれ、もっとも進化したサルのなかまといわれています。植物の実が好きで、道具を使い昆虫をとって食べたり、ほかのサルなどの動物をつかまえて肉を食べたりもします。

▲くだものを同時に運ぶために、手や口をじょうずに使っています。

チンパンジー
- ■身長：150cm／尾長：0cm
- ■体重：26～70kg
- ■分布：アフリカ(西はセネガル～東はタンザニアまで)

2 はゴリラ

チンパンジーと同じヒト科です。サルのなかまでいちばん大きく、おす1頭、複数のめすからなる集団でくらします。体の特ちょうからローランドゴリラ、マウンテンゴリラに区別されます。

ゴリラ
- ■身長：140～175cm／尾長：0cm
- ■体重：90～170kg
- ■分布：アフリカ中央部

3 はオランウータン

オランウータンもヒト科に分類されます。オランウータンとは、マレー語で「森の人」という意味。木の上で生活し、高い木の枝に1頭ずつ巣をつくります。

オランウータン (ボルネオオランウータン)
- ■身長：120～140cm／尾長：0cm
- ■体重：50～100kg
- ■分布：アジア東南部(カリマンタン島、スマトラ島)

クイズ27の答え ❷

ムササビは2

リスのなかま。夜行性の動物で、木から木へとジャンプして移動します。足を大きくのばすと、体のわきや尾のつけ根などにある飛まくが自動的に広がり、風にのると200m以上も滑空することができます。

ムササビ（ホオジロムササビ）
- ■体長：27.2〜48.5cm／尾長：28.0〜41.4cm
- ■体重：700〜1300g
- ■分布：中国中・南部、日本各地（北海道をのぞく）

◀ひじから細いほねがのびていて飛まくを大きく広げることができます。敵であるテンからも、木から木へすばやくうつってにげます。

1はモモンガ

モモンガもリスのなかまで、ムササビと同じく飛まくを使って滑空します。はばの広い尾は、かじの役目をします。夜行性で日中は木のあななどで休み、夜間に木の葉や実を食べます。

モモンガ（ホンドモモンガ）
- ■体長：14〜20cm／尾長：10〜14cm
- ■体重：150〜200g　■分布：本州、四国、九州

3はニホンリス

上下2本ずつの前歯で、かたい木の実などをかじります。朝と夕方に1ぴきで活動し、夜間は巣で休みます。

ニホンリス
- ■体長：15.7〜22cm
- ■尾長：13.5〜17.1cm
- ■体重：250〜310g
- ■分布：本州、四国、九州

クイズ 28

トラ、クロサイ、ジャイアントパンダ、この3つの動物に共通するのは？

トラやクロサイ、ジャイアントパンダといえばどんな動物でしょう？

トラ

クロサイ

ジャイアントパンダ

1 オーストラリアにいる動物

2 冬眠をする動物

3 絶滅が心配されている動物

クイズ29 ヒョウはえものを横どりされないようにどうする?

ヒョウはえものをつかまえたあと、落ち着いて食べるために何をするでしょう?

1. 草むらにかくす
2. 木の上に運んでおく
3. 群れになって守る

クイズ30 雲形もようがあるヒョウ、名前は?

見た目からつけられた名前です、何でしょう。

1. ユキヒョウ
2. ウンピョウ
3. クロヒョウ

クイズ28の答え 3

トラ、クロサイ、ジャイアントパンダは絶滅が心配な野生動物

わたしたち人間が、山をこわし、木を切り、海をうめたてるなどすることで、多くの野生動物たちが生きにくくなっています。これらの動物は絶滅が心配されています。

トラ 世界で3200頭以下。漢方薬や毛皮として高く取引されるために、みつりょうされています。

クロサイ 世界で3500頭以下。サイの角は、薬になったり、かざりなどに使われるため、多くのクロサイがころされました。今でもみつりょうされています。

ジャイアントパンダ 世界でおよそ1600頭。森林の開発が、パンダを絶滅に追いやっています。

ほかにももっといる絶滅のおそれがある動物

オランウータン 約5～6万頭。森林の開発や、ペットとして不法につかまえられ、数が減っています。

ガラパゴスゾウガメ 約1万5000頭。食べるためにころされたり、森林開発、人間に持ち込まれた家ちくやネズミにたまごを食べられたりしています。

アイアイ 1000～1万頭。森林の開発や、アイアイに出会うと死ぬという言い伝えでころされ、絶滅寸前に追いやられています。

クイズ29の答え ②

ヒョウはえものを木の上に運んでゆっくり食事をする

ヒョウは林や岩場にすみ、ジャンプや木登りが得意です。アフリカのサバンナでは、えものをとってもライオンやハイエナに横取りされてしまうことがよくあるため、えものを木の上に運び上げて食べます。木の上は涼しいし、安心してゆっくり食事ができるのです。

ヒョウ
- 体長：91〜191cm／尾長：58〜110cm
- 体重：28〜90kg
- 分布：アフリカ、アジア南部・東部

クイズ30の答え ②

ウンピョウ（雲豹）

雲形のもようがあるヒョウということで雲豹（ウンピョウ）とよばれます。ほかのヒョウよりも小さい体をしています。

ウンピョウ
- 体長：61〜107cm／尾長：55〜92cm
- 体重：16〜23kg
- 分布：アジア中部（インド）、東南アジア（中国南部）

ユキヒョウ 標高の高い涼しいところにすみ、毛の色が白っぽいヒョウ。

クロヒョウ ヒョウの中で全身が黒いもののことです。黒い体色でむし暑い気候にたえられるのではないかといわれています。

クイズ 31
フクロテナガザルの ふくろって？

1. 声を出すときに ふくらむ
2. こどもを育てる
3. えさをためておける

クイズ 32
世界最小、トウキョウトガリネズミの大きさは？

1. 体長2cmくらい
2. 体長4cmくらい
3. 体長6cmくらい

世界最小の陸生ほ乳類です。
しっぽの長さはふくみません。

クイズ33 超音波を出すコウモリは何をしている？

1. えさになる虫のいやがる音を出して弱らせる
2. 超音波でえものの位置を知る
3. まわりの空気をあたためる

クイズ34 ジャイアントパンダの赤ちゃん、何年でおとなになる？

1. 1年
2. 4年
3. 10年

クイズ31の答え 1

フクロテナガザルのふくろは、声を出すときにふくらむのどのふくろ

フクロテナガザルは、声を出すとき大きくふくらむ共鳴袋をのどにもっていて、この声は2km先にもとどくといわれています。テナガザルは、足でまっすぐ立つと手が地面につくため、地面を歩くときはうでを左右に広げます。長いうでは枝にぶら下がって速く移動するのに役立つのです。

> **フクロテナガザル**（シャーマンギボン）
> ■体長：75～90cm／尾長：0cm　■体重：8～12.5kg
> ■分布：アジア東南部（マレー半島、インドネシアのスマトラ島）

クイズ32の答え 2

トウキョウトガリネズミは体長4cmくらい

北海道のしつ原にすんでいて、クモや昆虫を食べ、冬でも冬みんしません。体が小さいために30分おきに虫を食べます。ふつう小さな動物はよく動きまわりますが、しばしば草のかげで休み、むだなエネルギーを使わないようにしています。

▲これが実物大

> **トウキョウトガリネズミ**
> ■体長：3.9cm～4.5cm／尾長：2.8cm～3.2cm
> ■体重：1.2～1.8g　■分布：北海道

クイズ33の答え 2

コウモリは、超音波で
えものの位置を
知ることができる

コウモリは昆虫などのえものをとらえるとき、超音波を出します。えものに当たってはね返ってきた音を聞くと相手の位置を知ることができます。この方法をエコーロケーションといいます。

カエルクイコウモリ（中央アメリカなどにすむ）のように超音波を出しながらカエルをとるものや、水面から魚をつかまえるものもいます。

クイズ34の答え 2

ジャイアントパンダの赤ちゃんは、
4年でおとなになる

約1年ほど母乳で育ち、4年でおとなになります。

▼ジャイアントパンダの赤ちゃんの前足。体長約10cmで約140g

▶おとなの
ジャイアントパンダ
約75～160kg

クイズ35 ニホンリスはどこに巣をつくる?

本州、四国、九州で見ることのできるニホンリス。巣はどんなところにあるでしょう?

1. 木の上
2. 木の下のあな
3. 木の下の草むら

クイズ36 キタナキウサギのなき声は?

1. ピッピッピッ
2. キョッキョッキョッ
3. ニャーニャーニャー

クイズ37

寒いところにくらすキツネほど小さいのはどこ？

体のある部分が小さいのが特ちょうです。

1 目　**2** 口　**3** 耳

ホッキョクギツネ
- 体長：45～68cm／尾長：25～43cm
- 体重：1.9～9kg
- 分布：ヨーロッパ、アジアと北アメリカの北極圏

クイズ38

この中で絶滅が心配されているヤマネコは？

1 イシガキヤマネコ
2 イリオモテヤマネコ
3 ヤエヤマネコ

沖縄県のこの島にいるといわれています。

クイズ35の答え 1

ニホンリスは木の上に巣をつくる

ニホンリスは、木の上に枝や木の葉を集めた巣をつくります。赤ちゃんは2月から6月の間に巣の中で3〜6ぴき生まれます。

生後3日め
まだ毛がありません

生後12日め
毛が生えてきます

生後28日め
目が開きます

クイズ36の答え 2

キタナキウサギは、「キョッキョッキョッ」となく

キタナキウサギは、岩の多い森林や草原でくらしています。キョッキョッキョッという鳴き声と、短い耳が特ちょうです。

キタナキウサギ
（エゾナキウサギ）
- 体長:11.5〜16.3cm
 /尾長:0.5cm
- 体重:115〜164g
- 分布:シベリア、モンゴルなど、北海道

クイズ37の答え 3

寒いところにすむキツネは耳が小さい

キツネは世界のいろいろな地方にいる動物ですが、寒いところにすむホッキョクギツネは、キツネのなかまでも耳が小さいのが特ちょうです。

日本でいちばん寒いところにすむ
キタキツネ（アカギツネ）

暑いところの
フェネックギツネ

寒いところの
ホッキョクギツネ

体の熱は耳や尾などからにげるため、寒い地方にすむものでは、これが小さいほうが有利なのです。

クイズ38の答え 2

沖縄・西表島のイリオモテヤマネコ

イリオモテヤマネコは世界中で沖縄県の西表島にしかいないヤマネコです。体のつくりが原始的で、生きた化石といわれています。イエネコよりも体がやや大きく、しっぽが太く耳が丸いなどのちがいがあります。1967年に発見され、40～100頭くらいしかいないと考えられています。

▲イリオモテヤマネコの足あと

イリオモテヤマネコ
■体長：60cm
／尾長：20cm
■体重：4kg
■分布：沖縄県の西表島

クイズ39 ウサギはどうやって

ウサギの走るすがたを思いうかべてみてください。
どのように走るでしょう？

オグロ
ジャックウサギ

動物のクイズ図鑑　アメリカなどの動物

走る？

1 遠くへのばした前足でとび上がるように走る

2 後ろ足でジャンプするように走る

3 前足と後ろ足を同時にはねるように走る

耳が大きいわね！

オグロジャックウサギ
■体長：46〜63㎝／尾長：5〜11㎝　■体重：4kg　■分布：北アメリカ北部

クイズ39の答え 2
ウサギは、後ろ足でジャンプするように走る

オグロジャックウサギは、アメリカやメキシコの草原やさばくを走ります。暑いところにすむため、熱をにがしやすい大きな耳をしています。

ウサギの走り方 (ニホンノウサギ)

長く強い後ろ足でかきこむように走ります

いっしゅん空中を飛んでいるようです

84

動物のクイズ図鑑 アメリカなどの動物

ウサギのなかまは、ほとんどが大きな後ろ足の力でピョンピョンはねて走ります。前足は、体をささえるためだけで、後ろ足にくらべて、とても小さな足です。

日本にもノウサギがいます

冬、雪が多く、寒い地方にすむノウサギは、耳の先の黒い部分をのぞいて、全身が白くなります。

前足は、片足ずつ着地します

着地した前足よりも、前に後ろ足が着地します

ラッコはどうやってねむる?

いつも海面にうかんで海にくらすラッコ。ねむるときはどのようにするでしょうか?

1 岩に体をはさんでねむる
2 海そうを体にまきつけてねむる
3 親子で輪になってねむる

クイズ 41 アライグマはこれをどうする？

動物のクイズ図鑑 アメリカなどの動物

アライグマの前にせっけんと水の入ったおけがあります。このあとどうするでしょう？

1 せっけんで手を洗う
2 せっけんをおけにつけて洗う
3 せっけんのにおいが苦手なので近よらない

クイズ40の答え 2
ラッコは体に海そうを まきつけてねむる

海面にうかんでくらしているラッコは、夜ねむるとき、流されないように大きな海そう(ジャイアントケルプ)を体にまきます。

ラッコは、おなかがすくと、海にもぐり、アワビ、ウニ、カニなどをとります。そしてまた海面にうかぶと、海の底からとってきた石をはらにおき、貝がらやカニの甲らを打ちつけ、わって中身を食べます。出産や子育てもほとんど海の上で行います。

ラッコ ■体長:76～120㎝/尾長:28～37㎝ ■体重:13.5～45kg
■分布:北太平洋、北海道

クイズ41の答え ②

アライグマはおけでせっけんを洗う

何でも水につけるアライグマは、目の前の水でせっけんを洗います。

アライグマは、水辺の森林やしげみにすみ、夜、岸べに出てきて、手でカエルや魚、貝などをあさります。水があると食べものでも何でも水につけて、前足で洗うしぐさをするところからその名前がつきました。

アライグマ
●体長：41〜60cm／尾長：20〜41cm ●体重：4〜28kg ●分布：北アメリカ(カナダ南部)、中央アメリカ

クイズ42 このダムはだれが作ったものかな？

ある動物が川をせきとめてダムを作りました。どの動物が作ったのでしょう？

1 カワウソ

2 カモノハシ

3 アメリカビーバー

クイズ43 ネズミのなかまで最大の動物は？

ネズミのなかまのなかでいちばん体の大きい動物がこの中にいます。100cm以上の大きさにもなりますよ。どれでしょう？

体に長いはりがたくさんあるよ！

1 マレーヤマアラシ

2 カピバラ

水に入るのも好き〜。

手足にはかぎづめがあるぜ。

3 オオミミハリネズミ

クイズ42の答え 3

アメリカビーバーが木のえだで作ったダム

アメリカビーバーはとてもするどい歯で木をかじり、たおした木や、石、土で作ったダムを巣にしているのです。足には水かきがあり、泳ぎが得意です。

アメリカビーバー
■体長：63.5〜76.2cm／尾長：22.9〜25.4cm
■体重：13.5〜27kg　■分布：北アメリカ

木のえだなどで川をせきとめ、ダムを作っているようす。

クイズ43の答え ② カピバラはネズミのなかまで最大の動物

カピバラは、湖や川近くのジャングルにすんでいてネズミのなかまでは最大の動物です。マレーヤマアラシはネズミのなかまですが、オオミミハリネズミは、モグラのなかまです。

▲動物園などでは温泉に入ることもあります。

カピバラ
- 体長：106〜134cm／尾長：0cm
- 体重：35〜66kg／分布：南アメリカ東部

危険がせまると、尾をふるわせ、はりで音をたて、てきをおどします。

モグラのなかまで、最小のハリネズミのひとつです。地下に直径6〜13cmで深さ150cmほどのあなをほってすんでいます。

マレーヤマアラシ
- 体長：40〜60cm／尾長：6.4〜11.4cm／体重：6.35〜7.25kg
- 分布：東南アジア（タイ、マレー半島、シンガポールなど）

オオミミハリネズミ
（ミミナガハリネズミ）
- 体長：15〜28cm／尾長：1.7〜2.3cm
- 体重：220〜350g
- 分布：アジア、アフリカ

クイズ44 アリクイはどうやってアリを食べる？

1. 細長い口をストローのようにして吸う
2. 口の先の小さな歯で少しずつ食べる
3. 長い舌を使って食べる

クイズ45 ナマケモノがふんをするのに木からおりる回数は？

1. 1日に1回くらい
2. 3日に1回くらい
3. 8日に1回くらい

動物のクイズ図鑑　アメリカなどの動物

クイズ46　「アルマジロ」はどんな意味？

1. よろいを着た人
2. まるいボール
3. りゅうのようなすがた

ミツオビアルマジロ▶

クイズ47　ウサギの足のうらはどうなっている？

1. ひづめがある
2. しもんがある
3. 毛が生えている

クイズ48　ウサギの耳のことでまちがっているのは？

1. 原始的なものほど耳が長い
2. 耳が長いと遠くの音がよく聞こえる
3. 長い耳は体温をさげるのに役立つ

クイズ44の答え 3

アリクイは長い舌を使って アリを食べる

大きな前足のつめでアリ塚をこわし、細長い口をさしこみ、長い舌でシロアリやアリを食べます。オオアリクイは1日に3万びきものシロアリを食べるといわれていて、人間の約40倍もよい鼻を持ちます。

オオアリクイ
■体長:100〜120㎝／尾長:65〜90㎝
■体重:25〜35kg　■分布:南アメリカ

クイズ45の答え 3

ナマケモノはだいたい8日に1回、ふんをするときだけ木からおりる

原始的なほ乳類のナマケモノは木の上でぶらさがって木の葉を食べてくらします。ふんをするときだけ、8日に1回ととても少ない回数ですが、ゆっくりと木からおり、しりを地面すれすれにしてふんをします。

フタユビナマケモノ
■体長:46〜86㎝／尾長:1.5〜3.5㎝
■体重:4〜8.5kg　■分布:南アメリカ

クイズ46の答え 1

アルマジロは「よろいを着た人」という意味

スペイン語で「よろいを着た人（アルマド）」にゆらいする名前です。よろいのような甲らでからだをおおわれています。

ミツオビアルマジロ
■体長：35～45cm／尾長：9cm ■体重：1.4～1.6kg ■分布：南アメリカ（ブラジル）

クイズ47の答え 3

ウサギの足のうらには毛が生えている

ふわふわだね！

ウサギの足のうらの毛は、すべり止めとクッションの役目をしています。

クイズ48の答え 1

原始的なウサギの耳は長くない

進化したウサギは、草原での走る生活にてきおうしたために、耳が長くなりました。原始的なものほど短い耳です。長い耳は、遠くの音を聞いたり、走って高くなった体温をさげるのに役立っています。

▼今生きているウサギのなかまでもっとも原始的なウサギ

アマミノクロウサギ
■体長：43～47cm／尾長：3.5cm
■体重：2kg ■分布：奄美大島、徳之島

カンガルーは どれくらい高く

? m

遠くへとぶのは10mくらい遠くへいった記録があるカンガルー。上へとぶ高とびだとどれくらいとんでいるでしょう？

1 2.5m
2 3.5m
3 5m

動物のクイズ図鑑　オーストラリアなどの動物

ジャンプした記録がある？

オオカンガルー
- 体長:51〜121cm／尾長:43〜109cm
- 体重:32〜66kg
- 分布:オーストラリア

クイズ49の答え 2
だいたい3.5mくらい ジャンプする

　カンガルーは、長く発達したしっぽと後ろ足を使って、ぴょんぴょんと移動します。オオカンガルーは3.5mもジャンプすることができます。

ジャンプは
3.5m

すごい運動能力！
　高とびなら3.5mもとぶオオカンガルーのジャンプ力はピューマやイルカなどに続くものです。足の速さも、時速にすると約72km。これは競

動物のクイズ図鑑 オーストラリアなどの動物

長いしっぽ

カンガルーのふくろ カンガルーは、オーストラリアの草原を中心にすんでいる、おなかにふくろ（育児のう）をもった動物です。子どもをふくろのなかで育てます。

▶カンガルーの子どもは何かあると母親のおなかのふくろににげこみます。

馬のサラブレッドとほぼ同じで、チーターに次ぐ速さです。すぐれた運動能力は、強い後ろ足と、きん肉が発達したしっぽに支えられています。

101

クイズ50 コアラが食べる葉は?

コアラは、ある一種類の葉しか食べません。さて何でしょう?

1. アカシア
2. ユーカリ
3. タケ

コアラ
- 体長:60〜83cm
- 尾長:0cm
- 体重:8〜12kg
- 分布:オーストラリア東部

動物のクイズ図鑑 オーストラリアなどの動物

103

クイズ50の答え 2
コアラは、ユーカリの葉だけを

コアラの盲腸
ほ乳類の中でもっとも長く、体長の約3倍、2.4mもあります。ここで毒のあるユーカリをしっかり消化します。

1のアカシアを食べる動物は
キリン

アフリカのサバンナにすむキリンは、アカシアの高いところの葉を食べます。クロサイやアフリカゾウもアカシアのひくいところの葉などを食べます。

食べてくらす

オーストラリアにすむコアラは、ユーカリの葉だけを食べてくらしています。

❸のタケを食べる動物は

パンダ

中国のパンダは高い山の竹林にすみ、タケは大好物です。

コアラの子どもは、母親の出す「パップ」といわれるうんちを食べます。これは、かたくて毒のあるユーカリの葉をいったん母親の腸を通すことにより、子どもにも食べられるようにした離乳食です。

クイズ 51
ほ乳類なのにたまごをうむ動物は？

ほ乳類のなかでもっとも原始的な、たまごをうむなかまはどれでしょう？

1 カモノハシのなかま

2 カバのなかま

3 アリクイのなかま

そのたまごの本当の大きさがこれよ。

106

クイズ 52 — 動物のクイズ図鑑 オーストラリアなどの動物

フクロモモンガの赤ちゃん、ふくろから出たあとどうする?

フクロモモンガの赤ちゃんは、生まれてすぐは母親のふくろの中で育てられますが、ふくろから出るとどうするでしょう?

1. 親といっしょに2か月飛ぶ練習をする
2. 木のあなの巣で2か月すごす
3. 背中にしがみつきながら2か月すごす

▲夜、足の間の飛まくを広げ、枝から枝へ約50mも飛びます。

フクロモモンガ
■体長:16〜21cm/尾長:16.5〜21cm
■体重:95〜160g ■分布:オーストラリア、ニューギニア

107

クイズ51の答え ①

ほ乳類なのにたまごをうむのはカモノハシのなかま

カモノハシ
- 体長：31〜40cm／尾長：10〜15cm
- 体重：0.7〜2.4kg
- 分布：オーストラリア東部、タスマニア

カモノハシのなかまは、もっとも原始的で、大むかしの生き残りの生き物です。たまごからかえった子どもは、母親の乳を飲んで育ちます。水中をおよいでザリガニやエビなどを食べます。

カモのようなくちばしがあります。

カモノハシの巣は、出入り口が水中にあります。長さが7mにもなるトンネルは、いくつかの部屋に分かれていて、行き止まりの広い部屋が巣になっています。巣には、かれ草や木の葉をしき、たまごをうんで、子育てをします。

ここでふつうたまごを2こうむ

動物のクイズ図鑑　オーストラリアなどの動物

クイズ52の答え ③

ふくろから出ると、母親の背中にしがみつきながら2か月すごす

フクロモモンガの赤ちゃん

① 生まれて1週間目

② 5週間目

③ 2か月目
（ふくろから出られる）

フクロモモンガはフクロネズミのなかまで、ネズミのなかまのモモンガとはべつです。森林にすみ、木の実や芽、花、昆虫などを食べています。昼は木のあなの巣で休み、夜に活動します。

③ 4ヶ月目
（背中にのっているのが子ども）

109

クイズ53

生まれたばかりのカンガルーの赤ちゃん、大きさはどれくらい？

オオカンガルー
おとなは体長
51～121cm

カンガルーはフクロネズミのなかまで、母親のおなかのふくろの中で育てられます。

1. 2cmくらい
2. 10cmくらい
3. 30cmくらい

6～11か月、ふくろに入って生活するよ。

クイズ54 動物のクイズ図鑑 オーストラリアなどの動物
コアラは1日のどれくらいねむる？

1. 昼間はずっとねむり、20時間くらい
2. 人間と同じように夜に8時間くらい
3. 昼と夜あわせて4時間くらい

クイズ55
オーストラリアのタスマニア島にしかいない名前に「悪魔」とつく動物は？

名前がヒントになっているよ。

1. タスマニアテイル
2. タスマニアモンキー
3. タスマニアデビル

111

クイズ53の答え ❶
生まれたばかりの大きさは2cmくらい

カンガルーのようにフクロネズミのなかまは、生まれてくる赤ちゃんが未じゅくで小さいので、自分で食べられるようになるまで、母親のふくろの中にあるおっぱいで育てられます。このフクロネズミのなかまのもつふくろは、乳首のまわりの「しわ」がのびたものといわれています。

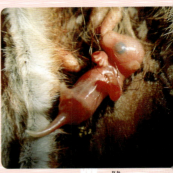

▲ふくろの中のおっぱいにすいつく、オオカンガルーの赤ちゃん 大きなカンガルーでも赤ちゃんはふつう体長2cm、体重1gくらい。

大きくなるとおもに草を食べるんだって。

クイズ54の答え 1

コアラは昼間はずっとねむっている。だいたい1日のうち20時間くらい

昼間は木の枝にすわってからだを丸めてねむり、夜出てきてゆっくり行動します。

クイズ55の答え 3

タスマニア島にしかいない タスマニアデビル

「デビル」は悪魔という意味。タスマニアデビルは、タスマニアの森林や荒地でくらし、小型ほ乳類や鳥、は虫類などを食べますが、えもののほねまでくだいて食べてしまうため「森のそうじ屋」ともいわれます。

タスマニアデビル
- 体長:57～65cm／尾長:24.5～26cm　体重:5～8kg
- 分布:オーストラリア(タスマニア島)

クイズ56 この中でほ乳類じゃないのは？

1 マッコウクジラ

深海にもぐれるよ

2 バンドウイルカ

人ともなかよしさ

3 ジンベエザメ

プランクトンやオキアミを食べるよ

動物のクイズ図鑑 いろいろな地域の動物

これらは、海でくらす生きものですが、ほ乳類ではないものがいます、どれでしょう？

クイズ56の答え ③

マッコウクジラとバンドウイルカがほ乳類。ジンベエザメは魚類

マッコウクジラとバンドウイルカはクジラのなかまでほ乳類です。食事やすいみん、子育てなどすべてを水中で行い、水から出ることはありませんが、水面にときどき頭を出して呼吸します。

マッコウクジラ
■全長：10〜20m ■体重：35〜50t ■分布：世界中の海

バンドウイルカ
■全長：3m ■体重：400kg ■分布：熱帯〜温帯の陸近くの海

海でくらすクジラのなかまたち
（ほ乳類）

シロイルカ（ベルーガ）
■全長：3～4.6m
■体重：1300～2000kg
■分布：北極圏～寒帯の沿岸

シャチ
■全長：6～9m
■体重：4900～9000kg
■分布：世界中の海

サメは魚類でほ乳類ではありません

ジンベエザメは、全長がだいたい18mくらいもある世界でもっとも大きい魚です。えらで呼吸をし、体はうろこでおおわれています。

クイズ 57 地球史上最大の動物

クジラのなかには、地球史上最大といわれるものがいます。この海の中の正体は？

ボクを あててね

クジラの「潮ふき」だね！

　地球史上最大のクジラが呼吸するようすです。「噴気孔」とよばれる鼻のあなが頭の上にあるので、海面から頭を少し出して息をします。クジラは体が大きいので、ものすごい量の空気を出し、噴気孔のまわりにある海水などがふきとばされ、「潮ふき」と呼ばれています。

といわれるクジラは？

1 ザトウクジラ

2 シロナガスクジラ

3 セミクジラ

クイズ57の答え 2
地球史上最大の動物といわれて

シロナガスクジラは地球の歴史上最大の動物で、全長33m、体重190tという記録があります。おもにオキアミを食べます。

ザトウクジラ
■全長：12〜19m ■体重：30〜45t ■分布：世界中の海

セミクジラ
■全長：15〜18m ■体重：55〜106t ■分布：北半球の温帯〜冷帯の海

いるのはシロナガスクジラ

シロナガスクジラ
- 全長：25〜33m ■体重：80〜190t
- 分布：世界中の海

海の中では、足で大きな体をささえる必要がなく、食べものもたくさんあるため、体の大きな動物もくらすことができます。

― 上下のあごの外側にこぶがならんでいて、胸びれが長いのが特ちょう。

― 肉やあぶら、クジラひげをとるためにとられ続け、今は300〜600頭といわれています。

尾の形でクジラの種類がわかる

クジラの種類は、尾の形でもわかります。たとえば、ザトウクジラの尾は、横に広がっていて、セミクジラの尾は太くて短いです。

ザトウクジラの尾

セミクジラの尾

クイズ58

イルカがえものをさがすときに音を出すところの名前は？

これはむずかしいぞ。

動物のクイズ図鑑 いろいろな地域の動物

頭の部分にある超音波を出すところの名前はあるフルーツの名前です。

1 メロン
2 バナナ
3 パイン

123

クイズ 58 の答え 1
イルカは"メロン"から音を出す

イルカはえものをさがすのに、超音波をメロンから発射します。

（人の耳には こう聞こえる）

カチッ カチッ

メロンから発射してえものにあたってはねかえってきた音は、下あごの骨を通って耳に伝わります。こうやって超音波で物を「見る」ことができます。これを、エコーロケーションといいます。

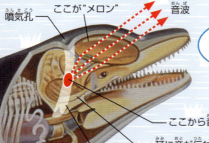

噴気孔
ここが"メロン"
音波
ここから音を出す
耳に音が伝わる。
気道

音で位置が分かるんだね。

124

イルカの"エコーロケーション"

エコーロケーションで、えものをさがしたり、なかまとコミュニケーションをとったりします。

◀シロイルカもエコーロケーションをします。

イルカ以外にもエコーロケーションをする動物がいます
・コウモリ
・トガリネズミのなかま

125

地上で最大の
この中で最大といわれる肉食動物は？

1 ゾウ

肉食動物は？

3 ライオン

2 ホッキョクグマ

クイズ59の答え ②

地上で最大の肉食動物は、

ホッキョクグマ（シロクマ）が、地上で生活する最大の肉食動物です。ゾウは、草食動物です。

ホッキョクグマ
- ■体長：180〜250cm／尾長：7〜13cm
- ■体重：150〜800kg
- ■分布：北極海沿岸、アジア・ヨーロッパの流氷のある地いき、アメリカ北部

地上で生活しますが、泳ぎもじょうずです。アザラシなどをつかまえて食べます。

ホッキョクグマ

ホッキョクグマは、アザラシが呼吸するためのあなの近くで待ちぶせし、アザラシが呼吸のため顔を出したとたん、前足ではねとばして、しとめます。

129

クイズ60 この中でアシカはどれ？

水族館などでもよく見られるアシカ、この中でどれでしょう？

1

陸上を歩くのが得意だよ

クイズ60の答え 1

1がアシカ（カリフォルニアアシカ）

手足がひれになっていて、およぐのにてきした体です。ほとんど海にいますが、陸上を歩くのがじょうずです。

用心深い性質で、休んでいるときにも見張り役がいます。

カリフォルニアアシカ
- ■全長：250cm（おす）
- ■体重：400kg（おす）
- ■分布：アメリカ合衆国カリフォルニア沿岸、ガラパゴス諸島

オーストラリアアシカは、すなはまや表面のなめらかな岩地にすみ、魚やイカを食べます。

オーストラリアアシカ
- ■全長：250cm（おす） ■体重：300kg（おす）
- ■分布：オーストラリア（南西部と西部の沿岸）

動物のクイズ図鑑　いろいろな地域の動物

2はセイウチ

1mにもたっする巨大なきばは、上あごの犬歯が発達したものです。

セイウチ
- 全長：356㎝（おす）
- 体重：1700kg（おす）
- 分布：北アメリカ（カナダ、アラスカ西部）、グリーンランド、ユーラシア大陸北部）

3はアザラシ（ゴマフアザラシ）

北半球の海にすみ、港や入り江でよく見かけます。魚やイカ、タコなどを食べます。

ゴマフアザラシ
- 全長：150～170㎝（おす）　■体重：85～110kg（おす）
- 分布：ベーリング海、チュコート海、オホーツク海、北海道近海

アシカとアザラシのちがい

アシカには耳（耳介）があるのに、アザラシには耳のあなしかありません。歩くときも、アシカは前足で体をささえて歩きますが、アザラシははらをつけ、体をひきずるようにして歩きます。

アシカ

アザラシ

133

クイズ61

タテゴトアザラシの赤ちゃんの体の色は？

1. まっ白
2. まっ黒
3. 黒に白のはんてんもよう

クイズ62

ホッキョクグマの毛の色は何色？

1. 白
2. 銀色
3. とうめい

動物のクイズ図鑑　いろいろな地域の動物

クイズ63
いちばん速く泳げるのは？

1 カバ
2 アシカ
3 シャチ

クイズ64
クジラのなかまは、どんなふうにグループ分けされる？

1 鼻のあなが
　あるものとないもの
2 歯があるものと
　ないもの
3 海にすむものと
　川にすむもの

食べるものが
ちがうらしい
けど・・・？

クイズ61の答え　1

氷の上で生まれるタテゴトアザラシの赤ちゃんはまっ白

アザラシの赤ちゃんの色は生まれる場所で決まっています。ふつう氷の上で生まれるものはまっ白、海岸の岩の上で生まれるものは黒っぽい色です。てきから身を守る保護色なのです。

タテゴトアザラシ
■全長：168〜190cm
■体重：120〜135kg
■分布：北大西洋

クイズ62の答え　3

ホッキョクグマの毛はとうめい

ホッキョクグマの毛は、とうめいで中が空どうのストローのようになっています。光に当たって白っぽく見えるのです。

クイズ63の答え 3

シャチがいちばん速く泳ぐ

シャチはクジラのなかまで最も速く泳ぐことができます。群れでクジラをおそい、「海のギャング」などといわれることもありますが、人にもよくなれます。

泳ぎくらべ

アシカ：時速40km

カバ：時速13km

シャチ：時速64km

ヒト：時速7.3km

クイズ64の答え 2

クジラのなかまは歯のある「ハクジラ」と歯のない「ヒゲクジラ」

歯のあるものとないものとで大きく分けられます。

◀ハクジラ
小型クジラが多く、ふつう魚やイカなどを食べます。マッコウクジラの下あごにはするどい歯があります。

▶ヒゲクジラ
セミクジラのヒゲ。はぐきが変化したブラシのようなクジラひげで魚や小さなオキアミをとって食べます。

クイズ 65

1頭のウシから1年間にどれくらいのミルクがとれる？

これはホルスタインといって牛乳をとるための代表的なウシです。

ホルスタイン
■体高：140〜160cm ■体重：550〜1000kg
■原産：オランダ北部、ドイツ北部

1. 約2300kg
2. 約4300kg
3. 約6300kg

牛乳パック（1000mL）がだいたい1kgだよ。

クイズ66 動物のクイズ図鑑 いろいろな地域の動物

ウシの胃はどうなっている?

ウシはおもに草や葉などを食べますが、食べたものを消化する胃はどうなっているでしょう?

1 大きな胃でいっきに消化する

2 細長い胃で少しずつ消化する

3 4つに分かれた胃で順番に消化する

食べたものを胃で消化するのは人間と同じだね。

クイズ65の答え ③
1年間にホルスタイン1頭からだいたい約6300kgのミルクがとれる

1000mL(約1kg)の牛乳パック6300本分もとれます。

家ちくのウシは、人間が野生動物をかいならしたもので、ふつう野生種より小型です。

ウシ、ブタ、ヒツジ、ヤギのなかまは"家ちく"といわれる

野生動物をかいならして、おもにミルクや肉、毛や皮をとるためにかわれています。

人間の生活にとって重要な動物だね。

クイズ66の答え ③

ウシの胃は4つに分かれていて食べたものを順番に消化する

▲あたたかいところにすむ大型草食動物です。

アメリカバイソン
（バッファロー）
■体長：350cm
／体高：200cm
■体重：1000kg
■分布：北アメリカ

おもに、草や木の葉、芽を食べるウシは、胃の中が4つに分かれていて、食物せんいをしっかり消化します。

ウシのはんすう胃

❶でバクテリアのはたらきで少し分解された食べものは❷から口にもどされ、かまれた後❸、❹と送られて消化されます。このようなしくみを「はんすう」といいます。

よみがえったアメリカバイソン

北アメリカの草原にむかし6000万頭もいたアメリカバイソンは、人間の移住などによってころされ、動物園などのものをあわせても1000頭以下と絶滅寸前まで減っていました。しかし、保護されるようになり、現在は3万頭以上になり絶滅をまぬがれています。

クイズ 67 競走のためにつくり出されたウマ「サラブレッド」の意味は？

競馬では、背中に人（騎手）を乗せて速さを競って走ります。名前にはどんな意味があるでしょう？

1 「いちばん速くなった」
2 「完全に育てられた」
3 「この世でいちばん美しい」

クイズ 68

動物のクイズ図鑑 いろいろな地域の動物

ウマの足のひづめはどれ？

草原を走るのが得意なウマの足のひづめは、下のうちどれでしょう？

ひづめ
つめがかたく変化した部分で、速く走るのにてきしたかたちになったもの。ウシ、ラクダなどの足にある。

1

2

3

143

クイズ 67 の答え ②

「サラブレッド」は、"完全に育てられた"という意味

　サラブレッドは、競走用につくりだされたウマです。ウマの中では、いちばん速く走ることができます。

サラブレッド
■体高：158～165㎝
■原産：イギリス

家ちくのウマ いろいろ

　家ちくのウマは、人間を乗せたり、荷物を運んだり、仕事に役立てるために、野生のウマをかいならしたものです。

ロバ
■体高：97㎝
■原産：北アフリカ

ポニー
■体高：90～110㎝
■原産：イギリス
（シェトランド諸島など）

クイズ68の答え ③

3がウマのひづめ

大きなひづめが1つあるシマウマの足です。草原を速く走ることができます。

ウマのなかまはひづめがふつう奇数（1つ、または3つ）

◀サラブレッドのひづめ
ウマのなかでいちばん速く走ることができる。

1 はバク

バクのひづめは、前足は4つ、後ろ足は3つ。

2 はサイ

サイのひづめは、前足も後ろ足も3つ。

145

クイズ69 この中で夜活動する動物は？

昼は休んでいて、夜活動するのはどれでしょう？

1 キツネ（ホンドギツネ）

2 ニホンザル

3 ニホンリス

クイズ 70

動物のクイズ図鑑　いろいろな地域の動物

夜行性の動物には赤い光はどのように見える?

タヌキは夜行性です。赤い光はどのように見えるでしょう?

1. 青く見える
2. 見えない
3. 白く見える

147

クイズ69の答え ① キツネは夜活動する

キツネは夜に出てくる動物をねらって動く、夜行性の動物です。

えものが夜に出歩くので、夕方から夜に活動します。暗い中でもよく目が見えるため、ネズミなどの小さなえものも見つけることができます。

キツネ（ホンドギツネ）
- ■体長：62〜74㎝／尾長：34〜39㎝
- ■体重：3〜7kg ■分布：本州、四国、九州

夜活動する動物たち

野生動物にはふつうは夜行性の動物の方が多く、暗やみでひっそり動き回って身を守っています。

日本にすむおもな夜行性動物

タヌキ　アカネズミ　ムササビ

昼間活動する動物たち

特にニホンザルは、人間と同じように色を見分けることができ、明るい日中に赤く色づいたおいしい木の実やくだものをさがすことができます。

日本にすむおもな昼行性動物

ニホンザル　ニホンリス　ナキウサギ

クイズ70の答え ②
夜行性の動物の目には赤い光が見えない

夜行性の動物の目は大きくて、夜でもよく見えるようになっていますが、赤い色は見えません。

野生の夜行性動物を探すときは、かい中電灯に赤いセロハンをはるとよいよ。

動物の目いろいろ

明るさで変わるネコのひとみ

暗いとき　　明るいとき

色を見分けられるサルのなかま

マンドリル
顔の色が派手なものがいるのもそのためです。

肉食動物の目は顔の前にある
えものを追いかけるとき、顔の前についているふたつの目できょりがはかれます。

草食動物の目は顔の横にある
肉食動物がどの方向から近づいてきてもわかるように視野が広くなっています。

149

クイズ 71 ネコがせまいところを

通るのに役立っているのは？

せまいところをじょうずに通ることができるネコ。体のどの部分にひみつがあるでしょう。

1 ひげ
2 耳
3 しっぽ

ふだんネコといっているのはイエネコ。トラやライオンもネコのなかまよ。

クイズ71の答え ①

ネコはせまいところを通るとき、ひげを使って通れるかをはかる

ネコのひげの先を結んだ円の大きさが、体の太さと同じです。ひげの感覚で通ることができるか分かるのです。

うわー、大丈夫！？

ネコは高いところから安全に着地できる！

ネコは、バランス感かくにすぐれた動物です。高いところからさかさまに落としても、クルッと回転して、安全に着地することができます。

クイズ 72 日本のけいさつ犬として活やくするドイツ生まれのイヌはどれ?

イヌの能力をいかして、大事な役割をしています。

1 ゴールデンレトリーバー

これらはドイツ、ロシア、イギリスの犬だよ。

クイズ72の答え ③

シェパード（ジャーマンシェパード）はドイツ生まれ。日本で多くけいさつ犬として活やくしている

ジャーマンとはドイツのことです。ジャーマンシェパードは、かしこく主人の命令をよくききます。ふだんわたしたちがイヌと呼んでいるのは、『カイイヌ』といって、人間によってつくり出された犬種です。

シェパード（ジャーマンシェパード）
■体高：60～65㎝
■原産：ドイツ

けいさつ犬のくんれんのようす。

けいさつ犬は、においをたよりにそうさの手がかりを見つけます。救助をするときに活やくする犬もいます。

イヌのにおいをかぎわける力

イヌがにおいをかぎわける力は、人間の約100万倍から1億倍ののう力があるといわれています。

動物のクイズ図鑑 いろいろな地域の動物

1 ゴールデンレトリーバー

くんれんにより、もうどう犬などでも活やくしています。

■体高:56～61㎝
■原産:イギリス

2 シベリアンハスキー

しゃがれた声でほえるので『ハスキー』と名前がついています。

■体高:54～60㎝
■原産:ロシア

仕事をするイヌ

ラブラドル
レトリーバー

救助犬やもうどう犬、ちょうどう犬としてはたらく犬。水が大好きで泳ぎも得意です。

セントバーナード

そうなん者の救助をします。体重はカイイヌで最も重く90kg以上にもなります。

秋田犬

むかしはクマ狩りに使われていました。日本の天然記念物です。

プードル
(トイプードル)

むかしはカモ狩りに使われていました。ペットとして人気があります。

157

クイズ73
カイイヌは世界で何種類くらいいる？

1. 約300〜400
2. 約100
3. 約80

◀ピンと立った耳とくるっと巻いた尾、とがった鼻が特ちょう。日本の天然記念物です。

柴犬 ■体高：38〜42㎝ ■原産：日本

クイズ74
むかしから人気のある世界でいちばん小さな犬種は？

1 シーズー

2 パグ

3 チワワ

クイズ 75

動物のクイズ図鑑 いろいろな地域の動物

ゴールデン、ジャンガリアン、ヨーロッパなどの種類がある動物は？

ペットでも人気の動物で、いろいろな種類があります。

1 ウサギ

2 ハムスター

3 ネコ

159

クイズ73の答え 1

カイイヌは世界中で約300～400種類くらい

いろいろな国で生まれたカイイヌの数です。むかしは多くのイヌが、狩りを手伝ったり、馬車やそりをひいたり人間のために使われていました。

ポメラニアン
■体高：20cm前後
■原産：ドイツ

クイズ74の答え 3

世界でいちばん小さい犬種はチワワ

ペットでも人気のイヌです。

チワワ
■体高：19cm前後
■原産：メキシコ

ワワワ！古代エジプトにもいたんだって！

クイズ75の答え ② ゴールデン、ジャンガリアン、ヨーロッパはハムスターの種類

ペットとしても人気のハムスター。ふつうハムスターといえばゴールデンハムスターをさすことが多いですが、ほかにもたくさんの種類のものがいます。

> **ハムスター（ゴールデンハムスター）**
> ■体長：12～16cm／尾長：約2cm
> ■体重：約130g ■原産：シリア、イスラエル

毛の色や長さもいろいろです。

小型のハムスターの中で、とくに人気があります。足のうらに毛が生えています。

> **（ジャンガリアンハムスター）**
> ■体長：約8.5cm／尾長：約0.8cm ■体重：約30g ■原産：シベリア、中国北部など

大型のハムスターでおなか全体が黒くなっています。

> **（ヨーロッパハムスター）**
> ■体長：約30cm／尾長：約5cm ■体重：約700g～1kg ■原産：ヨーロッパなど

クイズ 76

動物の足あとだよ。

山や森で見つけた動物たちの足あとから名前を当ててみましょう。

この動物たちの足あとです

- イノシシ
- カモシカ
- ノウサギ

ぼくのを当ててね！

1

本当の大きさの足あとだよ。

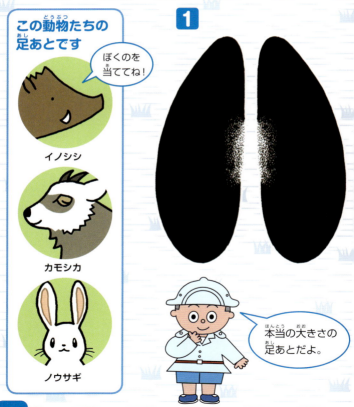

動物のクイズ図鑑 いろいろな地域の動物

イノシシはどれ？

2

3

163

クイズ76の答え 2

2がイノシシの足あと

イノシシの足あとは、後ろに副蹄のあとがつくのが特ちょうです。前のひづめはふたつに分かれています。

ひづめが分かれている

副蹄　副蹄

1 はカモシカの足あと

太くがんじょうなひづめで岩のがけや雪の中を歩きます。

3 はノウサギの足あと

足のうらは毛におおわれています。大きな後ろ足のあとです。

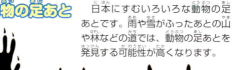

いろいろな動物の足あと

日本にすむいろいろな動物の足あとです。雨や雪がふったあとの山や林などの道では、動物の足あとを発見する可能性が高くなります。

アカネズミ
小さくてかすかな足あと

▶**キツネ**
やや細長い

タヌキ▲
全体が丸い

ニホンリス
細長い

ツキノワグマ
人間のはだしの足あとのよう

165

クイズ 77 このアラゲジリス、何をしているところかな？

えさを食べているようですが、長いしっぽで何をしているでしょう？

1. しっぽで日をよけている
2. しっぽで体をあたためている
3. しっぽを丸めて体を小さくしている

クイズ 78 前歯が上下2本ずつしかなく、死ぬまで歯がのび続けるのは？

ほ乳類でいちばん多いなかまだよ。

1. ネズミのなかま
2. モグラのなかま
3. コウモリのなかま

動物のクイズ図鑑 いろいろな地域の動物

クイズ 79
草食動物の顔のとくちょうでまちがっているのは？

1. 顔がまるい
2. 目が顔の横についている
3. あごが大きい

草食動物は、おもに草や葉を食べてくらしています。

ウマやキリンは草食動物だよね。

クイズ 80
ヒトコブラクダのこぶの説明でまちがっているのは？

暑くかんそうしたさばくでくらせるひみつがあります。

1. 中身は脂肪
2. 日ざしから身を守る
3. ほとんどが水分

ヒトコブラクダ
- 体長：300cm／体高：180〜210cm
- 体重：600〜1000kg
- 分布：北アフリカ、アジア南西部

クイズ77の答え ①

アラゲジリスはしっぽで日をよけている

昼間に行動するリス。日光からしっぽで体を守るのは動物の知恵です。

リスは木の実や種を食べる

リスの前歯と物をすりつぶすための奥歯のあいだにはすきまがあるので、食物を食べながら同時にけずりかすを口の外へ出すことができます。

クイズ78の答え ①

ネズミのなかまは前歯が上下2本ずつ。歯はずっとのび続ける

ネズミのなかま、ビーバー、リスなどは、歯がすり減ってなくなることはありません。

ネズミのなかまの歯の特ちょう

木の実などのかたい実をかじるのにてきしていて、前歯は「のみ」のようにとがっています。歯は死ぬまでのび続けます。

動物のクイズ図鑑　いろいろな地域の動物

クイズ79の答え 1

1の「顔がまるい」のは肉食動物

肉食動物は、食べものをすりつぶす必要がないので、歯は大きくても少なくてすみ、丸顔になります。

草食動物の顔

あごが大きく長い顔
消化しにくい草や木の葉をすりつぶすために大きな歯（白歯）が必要で、あごが大きく長い顔になります。

顔の横についた目
視野が広く、肉食動物がどの方向から近づいてきてもわかるようになっています。

クイズ80の答え 3

3の「ほとんどが水分」はまちがい

こぶの中身は脂肪で、栄養分をたくわえると同時に、暑い日ざしから身を守ります。

中は50～60kgもの脂肪
食べものがないときに使います。こぶがふたつのものはフタコブラクダといいます。

長い毛がはえた耳のあな

砂から目を守るための長いまつ毛

とじられる鼻のあな

クイズ81

ネズミのせいで、えとに入れなかったといわれる動物は？

右のえと（十二支）にはない動物です。

1. タヌキ
2. ネコ
3. ゾウ

クイズ82

寝たふりをすることを何という？

動物の名前が入った言葉が使われています。

1. キツネ寝入り
2. タヌキ寝入り
3. ウサギ寝入り

動物のクイズ図鑑　いろいろな地域の動物

クイズ83
慣用句で犬と仲が悪いといわれているのは？

本当に仲が悪いかは分かりませんが、どれでしょう。

1 サル
2 キジ
3 ウマ

クイズ84
英語では「バー」、フランス語では「ベー」、中国語では「ミェミェ」と鳴くのは？

1 ウシ
2 ネコ
3 ヒツジ

鳴き声は国によってちがうように聞こえるみたい

クイズ81の答え 2

ネコはネズミのせいで えとに入れなかったと言われている

古代中国で考えられた十二支は年月日や時刻、方角を表わすのにも使われていました。

ネコはネズミのせいで十二支に入れなかったので、ネズミを追いかけるようになったという話があります。

クイズ82の答え 2

寝たふりをすることを「タヌキ寝入り」という

たとえば、「買い物を言いつけられないように、タヌキ寝入りをしていよう」というように使います。

タヌキが実際に寝たふりをすることがあるのではなく、猟師の鉄砲の音におどろいて本当に気ぜつすることがあるといわれています。でも、しばらくして気がつくと一目散ににげていくので、寝たふりをしているように見られ、「タヌキ寝入り」といわれるようになりました。

クイズ83の答え ①

サル。ものすごく仲が悪いことを犬猿の仲という

たとえば、「クラスのA君とB君は、犬猿の仲だった」というように使います。

このほか、ネコとネズミや、イヌとネコなど、仲が悪いといわれている動物がたくさんいます。しかし、これは本当に仲が悪いのではなく、ネコはネズミのような、小さくてちょこちょこと動くものを追いかける習性があるため、そう言われるようになったのでしょう。

クイズ84の答え ③

「バー」「ベー」「ミエェミエェ」はすべてヒツジの鳴き声

日本でヒツジの鳴き声は、メエメエと表されることが多いです。

ブタ
日本語「ブーブー」
英語「オインクオインク」
フランス語「グロイングロイン」
中国語「フールフール」
フィンランド語「ローロー」
ロシア語「クリュークリュー」

サル
日本語「キキー」
　　　「キャッキャッ」
英語「チャッター」
　　「ヤックヤック」
中国語「ジージー」
スペイン語「イーイーイ」
タイ語「ジャックジャック」

173

クイズ 85 ヘビ・トカゲなどのは虫類は、

ヘビ、トカゲ、カメなどのなかまは、は虫類といい、たまごのうみ方が特ちょう的です。

▲水田や森林にすみ、カエルやトカゲなどを食べます。

シマヘビ
- 全長：80〜120㎝
- 分布：北海道、本州、四国、九州

ここからは、**は虫類・両生類**のクイズだよ。

どんなたまごをうむ？

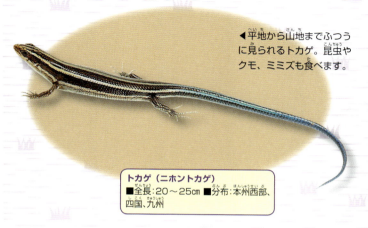

◀平地から山地までふつうに見られるトカゲ。昆虫やクモ、ミミズも食べます。

トカゲ（ニホントカゲ）
■全長：20～25㎝ ■分布：本州西部、四国、九州

1 すなや土の中に からのあるたまごをうむ

2 水中や水辺に からのないたまごをうむ

3 水中や水辺に からのあるたまごをうむ

クイズ85の答え 1

は虫類は、ふつうすなや土の中に

　ヘビなどのは虫類は、ふつうすなや土の中にからのあるたまごをうみます。生まれたときから陸上でくらし、かんそうにも強くかわいたさばくや地中でも生活できます。

は虫類の特ちょう

からのあるたまご　　**生まれたときから陸上でくらせる**

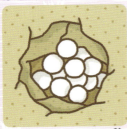

陸でうむため、からで守られたたまごです。

▲ヘビのように熱いさばくや、寒い地域でくらすものもいます。

スピードがある

◀カエルやサンショウウオなどの両生類とくらべてスピードがあり速く走ったり歩いたりできます。

からのあるたまごをうむ

は虫類と両生類

トカゲ（は虫類）

- うろこ
- 細かい歯
- 指は5本
- 尾

カエル（両生類）

- 前足は指4本
- 歯は発達していない
- しめったひふ
- 後ろ足は指5本

は虫類がかんそうに強いのに対し、両生類はかんそうに弱い生き物です。また、手足につめのあるは虫類は、つめのない両生類よりもずっと速く歩いたり走ることができます。両生類もおとなは陸でもくらせますが水中などが好きです。

クイズ86
ウミガメはどこでたまごをうむ？

アオウミガメ
- ■甲長：80〜100cm
- ■分布：熱帯〜温帯の海。屋久島以南で産卵

動物のクイズ図鑑 は虫類・両生類

カメのなかまは、さばく、森林、ぬまや川、海などに広くすんでいますが、海でくらすウミガメは、どこにたまごをうむでしょう？

1 すなはま
2 サンゴしょう
3 海底

日本の海にもいるよね。

クイズ86の答え ①

ウミガメのめすは、すなはま

カメは虫類です。ウミガメはすなはまでたまごをうみ、その他のカメもすべて陸上のすなやどろの中にたまごをうみます。

ウミガメがたまごからおとなになるまで

1）初夏のころすなはまで産卵
ウミガメのめすは、ひと夏に何回か上陸してきて、すなの中に合計100〜200こほどのたまごをうみます。

2）子ガメがたまごからかえる
すなの中で太陽の熱であたためられ、およそ2か月でかえります。

に上陸してたまごをうむ

3) 子ガメが海にむかう
たまごからかえると、カモメなどに食べられないよう急いで海にむかいます。

4) あたたかい南の海で成長する
子ガメは海流にのって1000km以上旅しながら、あたたかな南の海で成長します。約20年後おとなになり、多くのめすは生まれたはまにもどってくると考えられています。

アカウミガメ
■甲長：70〜100㎝
■分布：熱帯〜温帯の海。本州の鹿島灘と能登半島以南で産卵

クイズ 87 これらのたまごはだれのかな？

すべて、あるなかまのたまごです。水の中や近くにうんでいますね。

たまごその1

水の中

「たまごがひものようにつながっている！」

たまごその2

水の中

「大つぶのたまごのかたまりだ！」

たまごその3

水べの木

「あわのようなところがたまごだよ！」

1 カエルのなかま
2 ヘビのなかま
3 トカゲのなかま

動物のクイズ図鑑 は虫類・両生類

この名前は？

家のかべにピタッとくっついているよ。
さて何でしょう？

家を守ると
いわれているよ。

1 おたまじゃくし

2 ヤモリ

3 イモリ

クイズ87の答え ①

カエルのなかまのたまご

カエルは両生類です。水中や水べにからのないたまごをうみます。

その1はヒキガエルのたまご

たまごはゼリー質でひもじょうになっています。一度に8000〜14000このたまごをうみます。

おたまじゃくし

ヒキガエル
（ニホンヒキガエル）
■体長：8〜18cm ■分布：本州（近畿以西）、四国、九州など

その2はアカガエルのたまご

たまごはおおつぶのたまごのかたまりです。草むらや水田、森林にすみ、昼間でも見られます。

おたまじゃくし

アカガエル
（ニホンアカガエル）
■体長：3.4〜6.7cm
■分布：本州、四国、九州

その3はモリアオガエルのたまご

水辺の木に登り、黄白色のあわじょうのものをうみつけ、ふ化した幼生は水中に落ちて育ちます。

おたまじゃくし

モリアオガエル
■体長：4.2〜8.2cm
■分布：本州、四国、佐渡島

動物のクイズ図鑑 🐾 は虫類・両生類

クイズ88の答え 2

ヤモリ

ヤモリはは虫類でトカゲのなかまです。うろこがあり、ひふはかんそうしています。

ヤモリ（ニホンヤモリ）
- ■全長：10～14cm
- ■分布：中国東部、朝鮮半島南部、本州、四国、九州、対馬、屋久島

ヤモリの手

◀かべやまどにくっつけるようになっています。

ヤモリ（は虫類）とイモリ（両生類）の見分け方

おなかで見くらべよう

ヤモリ
白っぽいおなか。

▼家屋や樹上にすみ、たまごもかわいた場所にうみます。

イモリ
赤いおなか。

▲水の中にすみ、たまごも水中にうみます。

イモリ（アカハライモリ）
- ■全長：7～14cm　■分布：本州、四国、九州、およびその離島

185

クイズ89 この中でアマガエルにあてはまらないのは？

1. だいたい10cm以上の大きさ
2. 体の色が変わる
3. 夕立が近づくと大きな声で鳴く

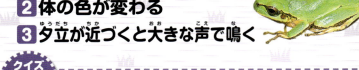

クイズ90 これらのカエルはどんなカエル？

1. もとは1匹のカエルが体の色を変えている
2. 木の上で生活している
3. 毒をもっている

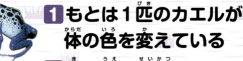

いろいろな色のカエルがいますね。

クイズ91 家のまどやかべにくっつくヤモリ。足はどうなっている？

1. きゅうばんになっている
2. ベタベタする液がついている
3. 細かい毛がはえている

動物のクイズ図鑑 は虫類・両生類

クイズ92
トカゲは敵におそわれると、尾（しっぽ）をどうする？

ふつうによく見られるトカゲです。尾のひみつは？

1. 敵の体に尾をまきつけてしめる
2. 尾を切ってにげる
3. 尾の毒を敵になめさせる

クイズ93
この中で恐竜に進化したなかまは？

2億年ほど前にいたんだって。

1. カエルのなかま
2. オオサンショウウオのなかま
3. ワニのなかま

クイズ89の答え 1

10cm以上ではなく3〜4cmくらい

アマガエル
■体長：3〜4cm
■分布：バイカル湖〜朝鮮半島、北海道、本州、四国、九州

アマガエルは夕立が近づくと大きな声で鳴きます。また写真のように、いる場所によってからだの色を変え、目立ちにくくなります。

クイズ90の答え 3

毒をもつカエル

世界各地の毒をもつカエルです。キイロヤドクガエルは、1ぴきで人間が7〜8人死んでしまう毒をもつといわれています。

◀アイゾメヤドクガエル

猛毒！

イチゴヤドクガエル　　　　　　▶ミイロヤドクガエル　　　▲キイロヤドクガエル

クイズ91の答え 3

ヤモリの足には細かい毛がたくさんはえている

▶細かい毛がたくさんはえていて、かべなどをしっかり歩くことができます。

クイズ92の答え 2

トカゲは敵におそわれると自分で尾を切ってにげる

自切といって、自分で尾を切りはなしてにげますが、切れた尾はやがて生えてきます。

切れた尾
しばらくは動いています。

クイズ93の答え 3

2億年ほど前に現れたワニのなかまから恐竜が進化した

ワニは、大型で半水生のは虫類です。2億年ほど前に現れましたが、体のつくりはは虫類の中でもっとも進んでおり、このなかまから恐竜が進化しました。

アメリカアリゲーター（ミシシッピワニ）
■全長：最大6m　■分布：アメリカ合衆国南東部

クイズ94 ワニの胃の中には何が入っている？

ワニの体で消化できないものが入っています。どれでしょう。

1. 貝がら
2. 石
3. 木のえだ

食べものじゃないんだ！？

クイズ95 この中で海にすむカメの足はどれ？

海にすむカメのほかは、池や川にすむカメ、陸にすむカメの足です。

動物のクイズ図鑑 は虫類・両生類

クイズ96
ガラパゴスゾウガメがもつ長生き記録は？

長生きするといわれているカメです。

1. 96年
2. 136年
3. 176年

クイズ97
カメレオンはどうやってえものをとる？

1. じっと石のように動かずに、えものがきたらパクッと食べる
2. 舌をのばしてくっつける
3. しっぽでたたき落とす

191

クイズ94の答え ②

胃の中には石が入っている

ワニの胃の中には石がたくさん入っています。

> 食べたものをこなすのに役立つ。

> 肺の浮力とつり合って体の安定をたもつ。

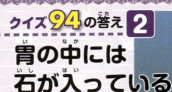

クイズ95の答え ③

が、海にすむカメの足

ボートのオールのような形で、とても泳ぎにてきしています。

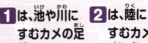

1は、池や川にすむカメの足
指がはっきりと分かれ、小さな水かきがあります。

2は、陸にすむカメの足
太い足にするどいつめです。

クイズ96の答え 3

176年も生きた ガラパゴスゾウガメがいる

リクガメの最大の種で、体重300kgになるものもいます。

そのほかの動物の長生き記録

ムカシトカゲ 120年
アフリカゾウ 70年
ウマ 62年
ライオン 30年
イヌ 29年
トラ 26年

ガラパゴスゾウガメ
■甲長：130cm
■分布：エクアドル（ガラパゴス諸島）

クイズ97の答え 2

舌をのばしてくっつける

カメレオンの舌はふだんはちぢまって口の中におさまっていますが、こん虫などのえものをとるとき、前方に発射されるようにのびます。舌の先の粘液にえものをくっつけるのです。

クイズ98 ガラパゴス諸島にすむウミイグアナは何を食べる？

背中もはらも小さなうろこでおおわれたトカゲのなかまです。

1. サボテンやこん虫
2. 海の中の海そう
3. 植物

ウミイグアナ
■全長：120～150cm ■分布：ガラパゴス諸島

クイズ99 ガラガラヘビはどんなへび？

毒を持つガラガラヘビ。どんな特ちょうがあるでしょう。

1. しっぽをふってガラガラと音をさせる
2. 石をガラガラと運んでくる
3. のどをガラガラとならす

動物のクイズ図鑑 は虫類・両生類

クイズ100
日本の特別天然記念物に指定されているこの動物は?

おもに山地の川にすんでいて、岩あななどをすみかとしています。

1 オオサンショウウオ
2 ウーパールーパー
3 カナヘビ

あなから顔をだしているね。

クイズ98の答え 2

ガラパゴス諸島にすむ
ウミイグアナは海そうを食べる

ウミイグアナは海にもぐって海そうをとります。これはイグアナの中でも特別で、陸上でくらすグリーンイグアナなどは植物を食べます。

クイズ99の答え 1

ガラガラヘビはしっぽをふって
ガラガラと音をさせる

敵にあうとガラガラと音をさせながらこうげきの態勢をとります。

◀ガラガラヘビの尾の断面

ガラガラヘビ
（サイドワインダー、ヨコバイガラガラヘビ）
■全長：60〜80cm　■分布：アメリカ合衆国西部

クイズ100の答え 1

日本の特別天然記念物の オオサンショウウオ

　日本にすんでいる最大の両生類です。1952年に国の特別天然記念物にも指定されています。水のよごれや、川の工事などで数がへっています。

尾が長くトカゲににたすがたをしていますが、体にはうろこがなくてなめらかです。夜活動し、サワガニ、カエル、魚などを食べます。

オオサンショウウオ
■全長:50～80cm、最大150cm
■分布:岐阜県以西の本州および大分県、四国の一部

きれいな川の自然を守らないとね！

197

■監修
動物科学研究所所長　**今泉忠明**

■写真
アフロ
伊藤麻由子
今泉忠明
岩附信紀
内山りゅう
オアシス
狩野晋
小池哲夫
小宮輝之
田口精男
田丸直樹
ピクスタ
日橋一昭
ネイチャー
　プロダクション
藤原尚太郎
PPS通信社
与古田松市

■イラスト・図版
浅井粂男
いずもり・よう
井上貴代
大沢金一
さかもとすみよ
　(Studio Sue)
田村奈緒巳
中倉眞理
七宮賢司
平野めぐみ
村上金三郎
吉見礼司
吉本幸代
渡辺正美

■協力
広島市
　安佐動物公園

■校正
タクトシステム

■装丁・デザイン
神戸道枝

■レイアウト
神戸道枝
友田和子

■編集
吉田優子
西川 寛

2013年　8月　6日	第1刷発行
2019年　6月18日	新装版　第1刷発行
2022年11月14日	新装版　第5刷発行

発行人　土屋　徹
編集人　代田雪絵
発行所　株式会社Gakken
　　　　〒141-8416
　　　　東京都品川区西五反田2-11-8
印刷所　共同印刷株式会社

■この本に関するお問い合わせ先
●本の内容については、下記サイトの
　お問い合わせフォームよりお願いします。
　https://gakken-plus.co.jp/contact/
●在庫については
　Tel：03-6431-1197（販売部）
●不良品（落丁、乱丁）については
　Tel：0570-000577
　学研業務センター
　〒354-0045
　埼玉県入間郡三芳町上富279-1
●上記以外のお問い合わせは
　Tel：0570-056-710
　（学研お客様センター）

■学研グループの書籍・雑誌についての
　新刊情報・詳細情報は、下記をご覧く
　ださい。
　学研出版サイト
　https://hon.gakken.jp/

© Gakken

本書の無断転載、複製、複写（コピー）、翻訳
を禁じます。
本書を代行業者等の第三者に依頼してスキャ
ンやデジタル化することは、たとえ個人や家
庭内の利用であっても、著作権法上、認めら
れておりません。

お客様へ
＊表紙の角が一部とがっていますので、お取り
　扱いには十分ご注意ください。

100問クイズ
おつかれさま！

何問できたかな？

キミの点数は？

点